©2022 ADVANCE WILDLIFE EDUCATION ALL RIGHTS RESERVED

ALL WORK IS COPYWRITED

DO NOT COPY OR REPRODUCE
Created in Maui
Printed in China

Advance Wildlife Education

AdvanceWildlifeEducation.org

AWE was founded in order to build a bridge between the public and conservation nonprofits and organizations through education, art, clothing, and donations.

Founder, Wildlife Biologist, and Illustrator
Che Frausto

Translated by
Kalamakū Freitas

Mōlī

(Laysan Albatross)

Fun Facts

- The Laysan albatross has the second-largest wingspan in the avian kingdom.

- These seabirds can soar hundreds of miles per day with barely a wing beat.

- They usually start breeding when they are around 8 - 9 years old.

- The oldest known individual is at least 65 years old and is named Wisdom. She was recognized in 2016 by the band on her leg at Midway Atoll Wildlife Refuge.

- Adults will travel up to 17 days and 1,600 miles in order to find food to feed their chicks.

Diet

- Laysan albatrosses mainly feed on squid, fish eggs, crustaceans, and some discards from fishing boats.

Status

- The Laysan albatross is a species of concern.

- Laysan albatrosses face threats from long-line fishing, plastic trash in the ocean, and predation by dogs, rats, and cats.

Kūʻikena Hoihoi

- ʻO ka mōlī ka manu nona ke anana ʻēheu nui loa ʻelua o ka ʻaumanu.

- Ua hiki nō i kēia manu ke kīkaha he mau haneli mile o ka lā ma ka ʻupaʻi ʻole.

- Hānau aku ka mōlī ma ka wā e piha ai iā ia he 8 a 9 paha makahiki.

- ʻO Naʻauao ka inoa o ka mōlī oʻo loa, he 65 ona makahiki. Ua ʻike ʻia ʻo ia i ka makahiki 2016 ma ke apo i paʻa ma kona wāwae ma ʻĀina Hoʻomalu Holoholona Lōhiu o Pihemanu.

- Kālewa aku ka mōlī makua he 17 lā a he 1,600 mile e ʻimi ai a loaʻa ka ʻai e hānai ai i kāna mau pūnua.

Papaʻai

- ʻAi ka mōlī i ka mūheʻe, ka hua iʻa, ka pāpaka (he ʻano pāpaʻi a ʻōpae ke ʻano), a me ke koena ʻai mai ka moku lawaiʻa mai.

Kūlana

- He lāhulu kūlana hopo halapohe ka mōlī.

- He puʻumake ka lawaiʻa aho-loa ʻana a me ka ʻōpala ea ma ka moana e make ai ka mōlī. He luapoʻi hoʻi ia manu na ka ʻīlio, ka ʻiole, a me ka pōpoki.

ʻUaʻu Kani
(Wedge-Tailed Shearwater)

Fun Facts

- They have a wide range of calls and moans that inspired the Hawaiian name ʻuaʻu kani, which means "moaning petrel."

- Their calls can sound like the cries of human babies and have even been reported as lost babies to police.

- These seabirds dive to an average of 60 feet but can swim as deep as 200 feet underwater when searching for food.

- Wedge-tailed shearwaters take in saltwater and then filter it internally into fresh water.

- The birds' legs are far back on their body. Having their legs farther back makes them very awkward when walking on land but good at swimming and digging out their burrows.

Diet

- In Hawaiʻi, their diet primarily consists of larval goatfish, flying fish, squirrelfish, and squid.

Status

- ʻUaʻu kani are common on the Hawaiian Islands but are protected under the Migratory Bird Treaty Act.

Kūʻikena Hoihoi

- He mau kani kā ka ʻuaʻu kani. No ia kumu i kapa ʻia ai ua manu nei ma kona inoa.

- Kū ke kani a ka ʻuaʻu kani i ka uē ʻana o ka pēpē. Ua lohe kekahi mau kānaka i kāna kani a ua manaʻo ʻia he pēpē a ua hōʻike ʻia aku i ka mākaʻi.

- Luʻu poʻo iho kēia manu a hōʻea aku i ke 60 kapuaʻi. Ma ka ʻimi ʻana naʻe i meaʻai, ua hiki nō i ka ʻuaʻu kani ke holo he 200 kapuaʻi ma lalo iho o ka ʻilikai.

- Inu ka ʻuaʻu puapua-pewa i ka wai kai a kānana ʻia ma loko o kona kino a lilo he wai maoli.

- Aia nā wāwae o kēia manu i hope loa o kona kino. He mea kēia e hāwāwā ai paha kona holo ʻana ma ka ʻāina, ua mākaukau loa nō naʻe ka ʻuaʻu ma ka holo ʻana ma ke kai a ma ka ʻeli ʻana iho i ka lua.

Papaʻai

- Ma Hawaiʻi, ʻo ke kūmū naio, ka mālolo naio, ka ʻūʻū naio, a me ka mūheʻe ka ʻai a ka ʻuaʻu kani.

Kūlana

- Ua laha ka ʻuaʻu kani ma ka pae ʻāina ʻo Hawaiʻi. Eia nō naʻe, ua hoʻomalu ʻia kēia manu ma ke Kānāwai Manu Neʻekau.

ʻUaʻu

(Hawaiian Petrel)

Fun Facts

- The ʻuaʻu was once one of the most common seabirds on the islands—there were so many that they would blot out the entire sky when they would return from the sea to the land.

- Hawaiian petrels pretty much stay with the same partner their whole life, unless the egg fails, in which case they may get a "divorce" and seek out a new partner.

- The female lays only one egg per breeding season (once a year).

Diet

- Adults feed on squid, fish, and crustaceans and pass the concentrated food to their chicks by regurgitation.

- The Hawaiian petrel mainly searches for food at night, flying in flocks with other species of marine birds.

Status

- The ʻuaʻu is classified as endangered.

- The largest known colonies of ʻuaʻu are found in the Haleakalā Crater on Maui and on the summit of Lānaʻi. Other colonies are on Kauaʻi, the Big Island, and possibly Molokaʻi.

- Threats to this endangered seabird are common among all seabirds, including predation by introduced mammals, housing development, light attraction and collision, ocean pollution, and disturbance of their breeding grounds.

- The petrel evolved on the islands without mammal predators before humans arrived; thus it does not have any natural defenses against predators such as rats, feral cats, dogs, and mongooses.

Kūʻikena Hoihoi

-ʻO ka ʻuaʻu kekahi o nā manu kai laha loa o ka paeʻāina—ma muli o ka nui o ka heluna, ua hāpala maila ka lani holoʻokoʻa ma ka hoʻi ʻana mai ke kai a ka ʻāina.

-Noho paʻa ka ʻuaʻu me ka hoʻokahi wale nō ipo ma kona nohona holoʻokoʻa, koe naʻe i ka wā e pau ai ka hua. Inā nō, ua kaʻawale lāua e ʻimi ai a loaʻa he ipo hou.

-Hānau ka wahine i ka hoʻokahi wale nō hua o ke kau hoʻopiʻi (he hoʻokahi hānau ʻana o ka makahiki)

Papaʻai

-ʻAi ka makua i ka mūheʻe, ka iʻa, ka pāpaka a pūʻā aku i ka meaʻai paʻapūhia i ka ʻīnana.

-ʻImi aku ka ʻuaʻu i ka meaʻai ma ka pō, e lele ana ma nā ʻauna o nā lāhulu manu kai ʻē aʻe.

Kūlana

-He manu ʻane halapohe ka ʻuaʻu

-Noho ka poʻe ʻuaʻu nui loa ma ka lua ʻo Haleakalā ma Maui a ma ka nuʻu o Lānaʻi. He poʻe ʻuaʻu ko Kauaʻi, Hawaiʻi, a me ko Molokaʻi nō paha.

-Ua like nā poʻiiʻa manu kai o kēia manu ʻane halapohe me nā manu kai ʻē aʻe a pau, e laʻa me nā holoholona ʻai waiū malihini, ke kūkula hale, ka ʻume a hoʻokuʻi māʻamaʻama, ka hoʻohaumia moana, a me ka hoʻopilikia ʻia o kahi hoʻopiʻi.

-Ua liliuewe ka ʻuaʻu ma ka pae ʻāina nei me ka loaʻa ʻole o nā poʻiiʻa holoholona ʻai waiū ma mua o ka hōʻea ʻana mai o kānaka; no ia kumu e pilikia ai ka ʻuaʻu i nā poʻiiʻa e like me ka ʻiole, ka pōpoki ʻāhiu, ka ʻīlio, a me ka manakuke.

ʻĀ
(Brown Booby)

Fun Facts

- The brown booby dives for fish and snatches prey from the surface. It can dive from up to 60 feet above the water.

Diet

- In North American waters, its diet includes flying fish, mullet, squid, and shrimp.

Status

- Brown booby populations are declining. They are considered to be a species of high concern.

Kūʻikena Hoihoi

-Luʻu iho ka ʻā e loaʻa ai ka iʻa ma ka ʻilikai. Ua hiki nō ke luʻu i ke kai a hiki aku i ke 60 kapuaʻi.

Papaʻai

-Ma ka moana ʻAmelika ʻĀkau, he iʻa lele, he ʻanae, a he ʻōpae hoʻi kāna e ʻai ai.

Kūlana

-Ke emi mai nei nō ka nui ʻā e ola nei. Ua hoʻonoho ʻia ma ke kūlana hopo halapohe.

ʻAʻo

(Newell's Shearwater)

Fun Facts

- The Newell's shearwater is a medium-sized shearwater with a wingspan of 30–35 inches.

- Its feet are well adapted for burrow excavation and climbing.

- ʻAʻo have a loud and nasal call that resembles the bray of a donkey and the call of a crow.

- They start breeding at around 6–7 years old.

Diet

- The ʻaʻo primarily feeds on squid and fish.

Status

- The Newell's shearwater is classified as endangered.

- These shearwaters were once abundant on all main Hawaiian Islands. Today, the majority of these seabirds nest primarily in mountainous terrain on Kauaʻi.

- This seabird was reported to be in danger of extinction by the 1930s. The introduction of new mammalian predators played a huge role in the drop of ground-nesting seabirds such as the ʻaʻo and the ʻuaʻu (Hawaiian petrel).

Kūʻikena Hoihoi

-He manu lōpū ka ʻaʻo nona ke anana ʻēheu he 30 a i ke 35 ʻīniha.

-Ua liliuwelo a maʻa kona wāwae i ka ʻeli a pinana ʻana.

-He kāhea nonolo a leo nui ko ka ʻaʻo kohu hohō o ka ʻēkake a ʻoʻō o ka ʻalalā.

-Mākaukau ka ʻaʻo e hoʻopiʻi ma ka wā e piha ai iā ia he 6 a 7 paha makahiki.

Papaʻai

-He mūheʻe a he iʻa ka ʻai a ka ʻaʻo.

Kūlana

-Ua hoʻonoho ʻia ka ʻaʻo ma ke kūlana ʻane halapohe.

-I kekahi wā, ua lehu ka ʻaʻo ma nā mokupuni nui o Hawaiʻi. I kēia mau lā, hoʻopūnana ka nui o ia manu kai ma ka hiʻona ʻāina mauna ma Kauaʻi.

-Ua hōʻike ʻia ka ʻane halapohe ʻana mai o kēia manu kai ma nā makahiki 1930. ʻO ke komo ʻana o nā poʻiʻa holoholona ʻai waiū kekahi kumu i emi mai ai ka heluna manu kai hoʻopūnana-ʻāina e laʻa me ka ʻaʻo a me ka ʻuaʻu.

Koaʻe Kea

(White-Tailed Tropicbird)

Fun Facts

- The white-tailed tropicbird is the smallest of the tropicbirds.

- They are known for their beautiful elongated white tail streamers.

- White-tailed tropicbirds are the national bird of Bermuda.

- Tropicbirds are remarkable for their ability to remain at sea for indefinite periods and sustain long periods of flight.

Diet

- Tropicbirds hunt for food by plunging into the water from flight, going underwater briefly.

- Sometimes they will be seen swooping down to the surface without hitting water, most likely catching flying fish in the air.

- Koaʻe kea feed on a wide variety of small fish but seem to favor flying fish, which are common in tropical waters.

- They also consume small squid, snails, and crabs.

Status

- This species is classified as of high concern and is protected under the Migratory Bird Treaty Act.

Kūʻikena Hoihoi

-ʻO ia manu puapua-keʻokeʻo e noho ana ma nā wahi kopikala ka liʻiliʻi loa o nā manu o ia ʻano wahi.

-Ua kaulana ke koaʻe kea i kona puapua keʻokeʻo nani a loloa.

-ʻO nā manu puapua-keʻokeʻo o kahi kopikala ka manu kauʻāina o Beremuda.

-Ua kupanaha hoʻi ka manu o kahi kopikala i ka lele lōʻihi ʻana ma ka moana.

Papaʻai

-Loaʻa ka ʻai i ka manu kopikala ma ka luʻu ʻana iho no ka wā pōkole wale nō.

-I kekahi mau manawa, ua ʻike ʻia ka manu ma ka iho ʻana a kokoke loa i ka ʻilikai me ke komo ʻole, e hopu ana paha i ka iʻa e lele ana.

-ʻAi ke koaʻe kea i nā ʻano iʻa liʻiliʻi like ʻole, ua puni nō naʻe i ka mālolo – he iʻa laha ma ke kai o nā wahi kopikala.

-ʻAi pū ʻia nō ka mūheʻe liʻiliʻi, ke kamaloli, a me ka ʻōhiki.

Kūlana

-Ua hoʻonoho ʻia ia lāhulu ma ke kūlana hopo halapohe a ua hoʻomalu ʻia ma ke Kānāwai Manu Neʻekau.

'Ā

(Red-Footed Booby)

Fun Facts

- The smallest of the boobies, the red-footed booby is an uncommon sight on the mainland United States.

- When hunting, they catch their prey by plunge-diving.

- They are known to land on boats to rest and to use them as vantage points to look for food.

- Both sexes are similar in appearance, although the female is usually much larger than the male.

- The red-footed booby can fly for long distances with great ease, but taking off can be very difficult. Unlike most birds, seabirds cannot simply flap their wings and take off; they rely heavily on the winds to carry them up and take off.

Diet

- 'Ā mainly feed on flying fish and squid.

Status

- The red-footed booby is the most common booby within the Hawaiian Islands and is found worldwide.

Kū'ikena Hoihoi

-'O ka 'ā li'ili'i loa, ka 'ā i 'ula'ula kona wāwae, he manu laha 'ole ma ka 'āina puni 'ole nui o 'Amelike Hui Pū 'Ia.

-Ma ke alualu mea'ai 'ana, ua loa'a kāna luapo'i ma ka lu'u 'ana i ke kai.

-Ku'u ka 'ā ma nā moku e ho'omaha ai a ma laila e 'imi ai a loa'a kāna mea'ai.

-Kū nā keka 'elua kekahi i kekahi. Ua 'oi loa aku nō na'e ka nui o ke kino o ka wahine i ko ke kāne.

-Ua mākaukau ka 'ā e lele loa ai, ua pa'akikī nō na'e ka ulele 'ana. 'A'ole nō ulele aku nā manu kai ma o ka 'upa'i a ulele wale 'ana aku nō; kauka'i pau ka 'ā i ka makani e kāko'o ai i ka ulele 'ana.

Papa'ai

-'O ka nui o ka 'ai a ka 'ā, he mālolo a he mūhe'e.

Kūlana

-'O ka 'ā i 'ula'ula kona wāwae ka 'ā laha loa o nā mokupuni o Hawai'i a ua noho nō ma nā wahi like 'ole a puni ka honua.

'Ea

(Hawksbill Sea Turtle)

Fun Facts

- The hawksbill sea turtle's head ends in a sharp point resembling a bird's beak.

- Hawksbill sea turtles can grow to weigh up to 250 pounds.

- They don't mature and start breeding until they are 20-40 years old. The female will lay five clutches of eggs containing an average of 180 eggs per breeding season.

Diet

- These endangered turtles are found in tropical waters, usually near reefs rich in the sponges that are a part of their diet. Hawksbills are omnivorous and feed primarily on sponges, invertebrates (such as crabs), and algae.

Status

- Like many sea turtles, hawksbills are an endangered species due mostly to human impact.

- These graceful sea turtles are also threatened by accidental capture in fishing nets, egg theft, illegal trade, ingestion of plastics, pollution, artificial lighting, predation, and habitat loss.

Kū'ikena Hoihoi

-Ua 'oi ka nuku o ka 'ea e kū ana i ka nuku o ka manu.

-Ulu a'e ka 'ea a i ka 250 paona.

-'A'ole makua mai a ho'opi'i aku ka 'ea a piha iā ia he 20 a 40 mau makahiki. Hānau aku ka wahine i 'elima po'e hua o ke kau ho'opi'i. He 180 hua a pau loa ka 'awelike.

Papa'ai

-Noho kēia honu 'ane halapohe ma ke kai kopikala, ma kahi kokoke ho'i i ka 'āpapapa e ulu nui ai ka hu'akai – he 'ai ho'i na ka 'ea. He hamu'ako'a ka 'ea e 'ai ana i ka hu'akai, ka iwi kuamo'o 'ole (e la'a me ka 'ōhiki), a me ka līoho.

Kūlana

-E like me nā honu he nui, he lāhulu 'ane halapohe ka 'ea ma muli o kānaka.

-'O ka pa'a ulia ma ka 'upena, ka 'aihue hua, ke kālepa hewa, ka 'ai 'ana i ke ea, ka haumia, ke kukui, ka po'ii'a a me ka pau 'ana o ke kaianoho nā mea e pau mai ai kēia honu 'olu'olu.

Kala

(Unicornfish)

Fun Facts

- Mainly active in the daytime, many species of unicornfish school together feeding on algae.

- They were prized for their meat and skin, as it is so tough that the Hawaiians used to use it to make drumheads out of it.

Kūʻikena Hoihoi

-Holo pū aku nā lāhulu kala he nui wale ma ke ao e ʻai ana i ka līoho.

-Ua makeʻe ʻia ke kala no kona ʻiʻo a me kona ʻili. Ma muli o ka māuaua, ua hoʻohana ka Hawaiʻi i ka ʻili no ka pahu.

Lauʻīpala

(Yellow Tang)

Fun Facts

- The yellow tang is the only solid yellow fish commonly seen on Hawaiian reefs.

- The yellow tang has flexible, comb-like teeth used for grazing on algae that makes up its diet.

- Algae feeders play a very important role in coral reef ecosystems. By eating the algae and keeping it in check, they prevent the fast-growing algae from choking the corals.

Kūʻikena Hoihoi

-ʻO ka lauʻīpala wale nō ka iʻa melemele pū i laha ma ka ʻāpapapa o Hawaiʻi.

-He niho hōlule ko ka lauʻīpala kohu ʻano kahi makaliʻi e pā lihi ana ma ka līoho. ʻO ia nō kāna ʻai.

-Ua koʻikoʻi nō nā mea ʻai līoho i ke kaiaola ʻāpapapa. Ma ka ʻai ʻana i ka līoho, ua kāohi ʻia ka pau ʻana mai o ka ʻākoʻakoʻa i ka līoho ulu wikiwiki.

He'e

(Octopus)

Fun Facts

- The octopus is most closely related to squid, cuttlefish, and the chambered nautilus.

- Octopuses are probably the most "intelligent" of invertebrates and have been shown to have the ability to learn from past experiences.

- Octopuses escape detection by both prey and predators thanks to their ability to change their skin color to camouflage themselves with their surroundings.

- Hawaiian species are small, reaching a maximum arm span of 23 inches and a maximum weight of 10 pounds.

Diet

- The octopus's diet contains snails, crabs, and lobsters.

- The parrotlike beak mouth is located on the underside of the body, in the center of the arms.

Kū'ikena Hoihoi

- He 'ohana ka he'e no ka mūhe'e.

- 'O ka he'e nō paha ke akamai loa o nā iwi kuamo'o 'ole a a'o 'o ia mai nā mea āna i 'ike mua ai.

- Pe'e ka he'e mai ka po'ii'a a me ka luapo'i ma o ka ho'ope'epe'e 'ana i kū kona kino i nā mea a puni 'o ia.

- Ua li'ili'i wale nō ke kino o ka lāhulu he'e Hawai'i – he 23 'īniha kona anana a he 10 paona ka palena kaumaha.

Papa'ai

- He kamaloli, 'ōhiki a he ula ka 'ai a ka he'e.

- Aia ka niho o ka he'e ma ka māhele o lalo o ke kino i waena konu o nā 'awe'awe.

Puhi
(Moray Eel)

Fun Facts

- Moray eels are one of the coral reef's most effective predators.

- Moray eels are not considered aggressive but will defend their lairs or quickly bite anything they perceive as a threat.

- Moray eels primarily hunt at night as they have poor vision but a very good sense of smell.

- Recent research shows many eels are hermaphroditic, meaning they have both male and female organs. They start their mature life as males, changing gender later to females.

Diet

- They prefer to consume reef fish, octopus, and occasionally crustaceans.

Kūʻikena Hoihoi

-ʻO ka puhi kekahi poʻiiʻa ikaika loa o ka ʻāpapapa.

-ʻAʻole ka puhi he mea hoʻoweliweli aku, akā kūpale iho ka puhi i kona home ke pono.

-ʻImi ka puhi a loaʻa kāna meaʻai ma ka pō no ka nāwaliwali o ka ʻike ʻana, ua ikaika loa nō naʻe ka lonoa ihu.

-Wahi a kekahi noiʻina, he māhū nā puhi he nui wale, he māhele kino hoʻi kona o ke kāne a me ka wahine. Hoʻomaka ka puhi i kona nohona makua ma ke ʻano he kāne, a laila e hoʻomaka ai e wahine mai.

Papaʻai

-ʻOno ka puhi i ka iʻa e noho ana ma ka ʻāpapapa, ka heʻe, a me ka pāpaka.

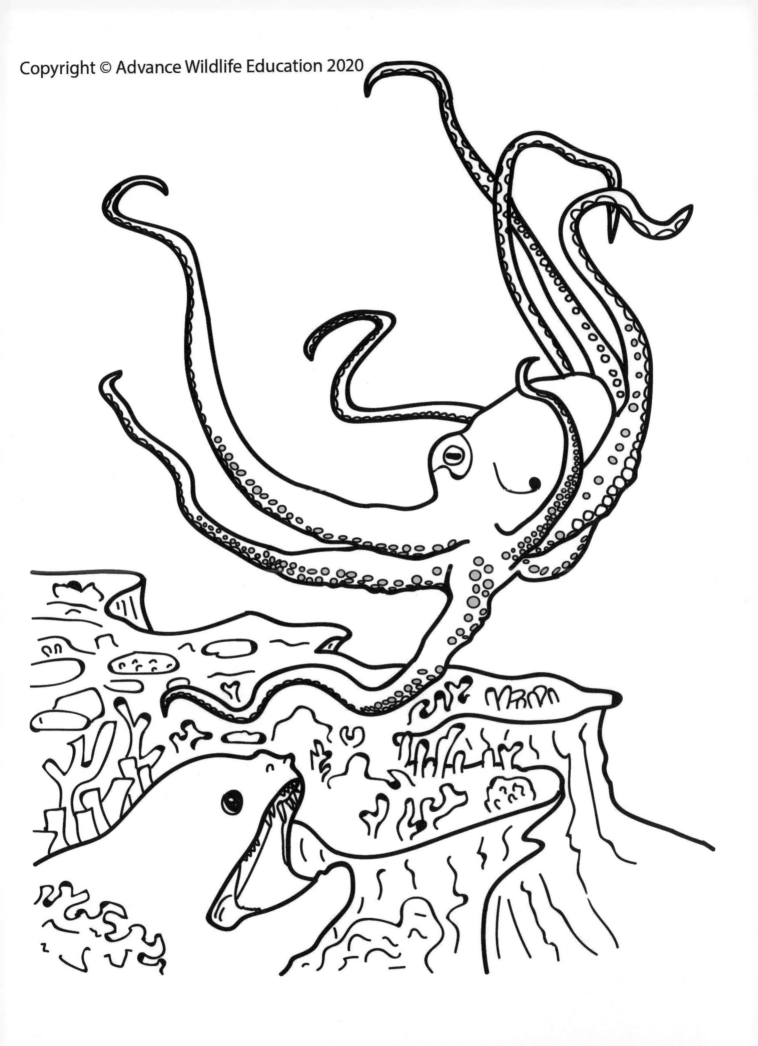

Humuhumunukunukuapua'a
(Reef Triggerfish)

Fun Facts

- The reef triggerfish was chosen to be the official fish of Hawaii in 1985.

- The humuhumunukunukuapua'a has a snout that resembles a pig's.

- This Hawaiian name is one of the longest words in the Hawaiian language.

Diet

- Reef triggerfish feed on algae and invertebrates.

Status

- These fish are common in the Hawaiian Islands.

Kū'ikena Hoihoi

-Ua koho 'ia ka humuhumunukunukuapua'a 'o ia ka i'a kūhelu o Hawai'i ma ka makahiki 1985.

- He nuku ko ka humuhumunukunukuapua'a e kū ana i ka ihu o ka pua'a.

-'O humuhumunukunukuapua'a kekahi o nā hua'ōlelo lō'ihi loa o ka 'ōlelo Hawai'i.

Papa'ai

-'Ai kēia i'a i ka līoho a me nā iwi kuamo'o 'ole.

Humuhumu'ele'ele
(Hawaiian Black Triggerfish)

Fun Facts

- On average, it is 12 inches long, although it can grow to be up to 18 inches.

Diet

- Hawaiian black triggerfish are omnivorous and will feed upon small fish, squid, shrimp, zooplankton, algae, and other marine plant life.

Kū'ikena Hoihoi

-He 12 'īniha ka loa o ka humuhumu'ele'ele, no kekahi na'e, ua ulu a i ka 18 'īniha.

Papa'ai

-He hamu'ako'a ka humuhumu'ele'ele e 'ai ana i ka i'a li'ili'i, ka mūhe'e, ka 'ōpae, ka 'ōulaula, ka līoho a me kekahi mau meakanu 'ē a'e e ulu ana ma ke kai.

ʻĪlioholoikauaua

(Hawaiian Monk Seal)

Fun Facts

- The ancient Hawaiian name is ʻīlioholoikauaua, meaning "dog that runs in rough water."

- The Hawaiian monk seal is one of the most endangered marine mammals in the world.

- Monk seals weigh 375–450 pounds and grow to 7–7.5 feet in length.

- When the pups are born they weigh around 35 pounds and are 3 feet long.

Diet

- Monk seals are bottom foragers, feeding on a variety of prey, including fish, squid, octopus, and crustaceans, spending time hunting in the sand or under rocks.

- Monk seals are also known to dive deeper than 1,800 feet.

Status

- This species is among the world's most endangered.

Kūʻikena Hoihoi

-ʻO ka inoa kuʻuna o kēia holoholona, ʻo ia hoʻi ʻo ʻĪlioholoikauaua – he ʻīlio e holo ana ma ke kai kūpikipikiʻō.

-ʻO ka ʻīlioholoikauaua kekahi o nā holoholona ʻai waiū kai ʻane halapohe o ke ao.

-He 375 a i ka 450 paona kona kaumaha a ulu a i ka 7 a 7.5 paha kapuaʻi kona loa.

-Ma ka hānau ʻia ʻana o nā pēpē, he 35 paona kona kaumaha a he 3 kapuaʻi kona loa.

Papaʻai

-He mea ʻimi papakū ka ʻīlioholoikauaua – e ʻai ana i nā ʻano luapoʻi like ʻole, e laʻa hoʻi me ka iʻa, ka mūheʻe, ka heʻe a me ka pāpaka i loaʻa ma ke one a ma lalo o ka pōhaku.

-Mākaukau loa ka ʻīlioholoikauaua ma ka luʻu ʻana iho ma ʻō aku o ka 1,800 kapuaʻi ka hohonu.

Kūlana

-ʻO kēia lāhulu nō kekahi o nā mea ʻane halapohe o ka honua.

Ulua

(Giant Trevally)

Fun Facts

- The giant tuna is a powerful predator in most of its habitats and is known to hunt individually and in schools.

- Ulua grow to a maximum known size of 5.5 feet and a weight of 175 pounds.

Diet

- Their diets consist of a variety of fish prey, crustaceans, cephalopods, and mollusks.

- The species has some interesting hunting strategies, including following monk seals to pick off their escaping prey as well as using sharks to ambush prey.

Status

- Decreasing numbers around the main Hawaiian Islands have led to regulations to limit the catch and impose size limits for several species in its family.

Kūʻikena Hoihoi

-Nui ka mana o ka ulua ma kona mau kaianoho a he iʻa ia e ʻimi hoʻokahi a ʻimi kauhulu ana i kāna meaʻai.

-He 5.5 kapuaʻi a he 175 paona ka palena nui e ulu ai ka ulua.

Papaʻai

-He mau ʻano iʻa, he pāpaka, he mūheʻe, a he hakuika kāna ʻai.

-Ua nui nā kaʻakālai e loaʻa ai ka meaʻai i ka ulua. ʻO ka hahai ʻana i ka ʻīlioholoikauaua e ʻai ai i nā luapoʻi i pakele aku a me ka hahai malū ʻana i ka manō e hālua ai i ka luapoʻi.

Kūlana

-Ua kau palena ʻia ka nui o ka ulua i hiki ke loaʻa i ka lawaiʻa ma muli o ke emi nui ʻana mai o ka nui ulua ma ke kai.

Koholā

(Humpback Whale)

Fun Facts

- Humpback whales weigh around 25–40 tons (50,000–80,000 pounds).

- Newborn whales weigh about 1 ton (2,000 pounds).

- They can grow up to be 60 feet long (females are larger than males), and newborns are around 15 feet long.

- During mating season, the males will sing complex songs that can last up to 20 minutes and be heard up to 20 miles away.

Diet

- Their diet consists of tiny crustaceans (mostly krill), plankton, and small fish.

- They can consume up to 3,000 pounds of food per day.

Status

- Humpback whales face a series of threats, including getting entangled in fishing gear, pollution, being hunted and harassed, and being hit by boats.

Kūʻikena Hoihoi

-He 25 a i ke 40 kana (he 50,000 a i ke 80,000 paona) ke kaumaha o ke koholā.

-He 1 wale nō kana (he 2,000 paona) ke kaumaha o ke koholā pēpē.

-Ulu ke koholā a i ke 60 kapuaʻi kona loa (ua ʻoi aku ka nui o ka wahine ma mua o ke kāne), a he 15 kapuaʻi ka loa o ke koholā pēpē.

-Ma ke kau hoʻopiʻi, hīmeni ke kāne i nā mele pōhihihi he 20 nō paha minuke kona lōʻihi a ua lohe ʻia mai ka 20 mile aku.

Papaʻai

-ʻAi ke koholā i ka pāpaka, ka ʻōulaula, a me ka iʻa liʻiliʻi.

-He 3,000 paona o ka lā ka nui o ka ʻai a ke koholā e ʻai ai.

Kūlana

-He mau puʻumake e pau ai ke koholā, e laʻa me ka paʻa ma nā lako lawaiʻa, ka haumia, ke alualu ʻia, a me ka hoʻokuʻi ʻia i ka moku.

Naiʻa

(Hawaiian Spinner Dolphin)

Fun Facts

- In the morning, spinner dolphins break off into smaller groups to rest after a long night of feeding.

- Spinner dolphins got their name for their high, spinning leaps out of the water and playfulness.

Diet

- Their diets consist of deep ocean small fish and squid.

Kūʻikena Hoihoi

-Ma ke kakahiaka, kaʻawale aku ka naiʻa ma nā pūʻulu liʻiliʻi wale nō e hoʻomaha ai i ka ʻai nui ʻana ma ka pō.

-Ua kapa ʻia ia holoholona ma kona inoa no kona lele kiʻekiʻe ʻana a no kona ʻeu.

Papaʻai

-ʻO kāna meaʻai, he iʻa liʻiliʻi o ka moana a he mūheʻe.

Kihikihi
(Moorish Idol)

Fun Facts

- Moorish idols are omnivorous, eating food of both plant and animal origin.

- The idol feeds mostly on animal material, like sponges, and eats prey from crevices with its slightly longer jaw.

- The Moorish idol is a unique species in that it is the only member of its family.

- They are found throughout the Indo-Pacific and Tropical Eastern Pacific.

Kūʻikena Hoihoi

-He hamuʻakoʻa ke kihikihi e ʻai ana i ka meakanu a i ka holoholona kekahi.

-ʻO ka nui o kāna ʻai, he mea no ka holoholona, e laʻa me ka huʻakai, a ʻai pū ʻo ia i ka luapoʻi ma ka māwae ma ka hoʻohana ʻana i kona ā lōʻihi.

-He lāhulu kūikawā ke kihikihi, no ka mea ʻo ia hoʻokahi ma kona ʻohana.

-Noho kēia iʻa ma nā wahi like ʻole o ka ʻĪniopākīpika a me ka Pākīpika Hikina Kopikala.

Lau Wiliwili
(Milletseed Butterflyfish)

Fun Fact

- The name lau wiliwili refers to the resemblance of the fish's body shape and color to the leaf of the wiliwili tree.

Kūʻikena Hoihoi

-Ua kū ke kinona a me ka waihoʻoluʻu o ka iʻa lau wiliwili i ke kumuwiliwili o ka ʻāina, no laila i kapa ʻia ai ma "lau wiliwili".

Copyright © Advance Wildlife Education 2020

ʻIʻiwi

(Scarlet Honeycreeper)

Fun Facts

- The ʻiʻiwi is a large honeycreeper (6 inches in length).

- The beak shape is specialized so the bird can draw nectar better than other bird species.

- Most honeycreepers serve as pollinators for ʻōhiʻa trees.

Diet

- Its long, curved bill is specialized for sipping nectar from tubular flowers.

Status

- The ʻiʻiwi was once one of the most common native forest birds throughout the Hawaiian Islands but now is one of the most rapidly declining.

Kūʻikena Hoihoi

-He manu mūkīkī nui ka ʻiʻiwi (6 ʻīniha kona loa).

-He nuku kūikawā kona e ʻoi aku ai kona mūkīkī ʻana i ka wai pua ma mua o nā lāhulu manu ʻē aʻe.

-He mea hoʻēhu pua ka nui o nā manu mūkīkī no ka ʻōhiʻa lehua.

Papaʻai

-Ua kūpono kona nuku kiwi loloa e mūkīkī ai i ka wai pua o nā pua e kū ana kona kinona i ka ʻohe.

The Legend of the ʻŌhiʻa Tree and the Lehua Blossom

The legend says that one day Pele met a handsome warrior named ʻŌhiʻa and she asked him to marry her. ʻŌhiʻa, however, had already pledged his love to Lehua. Pele was furious when ʻŌhiʻa turned down her marriage proposal, so she turned ʻŌhiʻa into a twisted tree. Lehua was heartbroken, of course. The gods took pity on Lehua and decided it was an injustice to have ʻŌhiʻa and Lehua separated. So, they turned Lehua into a flower on the ʻōhiʻa tree so the two lovers would be forever joined together. So remember, Hawaiian folklore says that if you pluck this flower you are separating the lovers and it will rain that day.

Ka Moʻokaʻao no ka ʻŌhiʻa a me ka Pua Lehua

Wahi a kahiko, ua launa ʻo Pele me kahi koa nohea ʻo ʻŌhiʻa a ua noi akula ʻo Pele iā ia e hoʻāo. Ua aloha nō naʻe ʻo ʻŌhiʻa i kekahi wahine, ʻo Lehua. Auē nō hoʻi, ʻo ka piʻi aʻela nō ia o ko Pele inaina i ka hōʻole ʻia, no laila ua hoʻolilo ʻo Pele iā ʻŌhiʻa i kumu wili. ʻAʻole o kana mai ka ʻeha o ko Lehua naʻau. Ua minamina aku nā akua i ke kaʻawale o Lehua lāua ʻo ʻŌhiʻa. No laila, ua hoʻolilo akula nā akua iā Lehua i pua ma ka ʻōhiʻa e pili mau ai ka paʻa ipo. No ia kumu e ʻōlelo ʻia ai, ke ʻoe ʻako i ka pua lehua, ua kaʻawale ka paʻa ipo a e heleleʻi iho ka ua ma ia lā.

ʻAkohekohe

(Crested Honeycreeper)

Fun Fact

- The striking crest helps pollinate native plants as the bird moves from flower to flower while feeding.

Diet

- ʻAkohekohe usually feed on ʻōhiʻa flower nectar but will take nectar from other native plants.

- They consume fruits as well as insects.

Status

- ʻAkohekohe were listed as endangered by the U.S. Fish and Wildlife Service in 1967.

Kūʻikena Hoihoi

-He mea ke poʻomahiole e kōkua ana i ka hoʻēhu ʻana i nā meakanu ʻōiwi ma ka lele ʻana o ka manu mai kekahi pua a i kekahi ma kona wā e ʻai ana.

Papaʻai

-Puni ka ʻakohekohe i ka ʻai ʻana i ka wai pua lehua, ʻaʻole nō naʻe ʻo ia hoʻokae aku i nā meakanu ʻōiwi ʻē aʻe.

-ʻAi ka ʻakohekohe i ka huaʻai a me ka ʻelala.

Kūlana

-Ua hoʻoholo ʻia e ka ʻOihana Iʻa me ka Holoholona Lōhiu o ʻAmelika he manu ka ʻakohekohe o ke kūlana ʻane halapohe.

ʻAkekeʻe

Fun Fact

- The ʻakekeʻe has a special bill with offset beak tips that allows it to pry open the buds of ʻōhiʻa leaves and flowers to search for insects.

Diet

- ʻAkekeʻe feed almost entirely on insects within leaf clusters of ʻōhiʻa trees.

Status

- The ʻakekeʻe is classified as endangered and is thought to nest within the Hawaiian Islands only on Kauaʻi.

Kūʻikena Hoihoi

-He nuku kūikawā ko ka ʻakekeʻe i kūpono e wehe ai i ka liko o ka lau ʻōhiʻa a me ka pua lehua e loaʻa ai ka ʻelala.

Papaʻai

-ʻOno ka ʻakekeʻe i ka ʻelala i loaʻa ma loko o ka hui lau o ka ʻōhiʻa.

Kūlana

-He manu ʻane halapohe ka ʻakekeʻe e hoʻopūnana ana ma Kauaʻi.

Aeʻo

(Hawaiian Stilt)

Fun Facts

- The aeʻo is a slender wading bird that grows up to 15 inches in length.

- Aeʻo aggressively defend their nests, calling and diving at intruders and performing broken-wing displays to attract potential predators away from their nests.

- Generally they lay 3–4 eggs, and the young are capable of leaving the nest shortly after hatching.

- Stilts have a loud chirp that sounds like "kip kip kip." The female's chirp is lower than the male's.

Diet

- Aeʻo use a variety of aquatic habitats but are limited by water depth and vegetation cover.

- Stilts consume a wide variety of invertebrates and other aquatic organisms (worms, crabs, and fish).

Status

- The aeʻo can still be found on all the major islands except Kahoʻolawe. Their numbers have not increased by much.

- It appears that the population has stabilized or slightly increased over the past 30 years.

- Maui and Oʻahu account for 60–80% of the aeʻo population.

- The primary causes of the decline have been the loss and degradation of wetland habitat and introduced predators (rats, dogs, cats, mongoose), alien plants, introduced fish, frogs, disease, and environmental contaminants.

Kūʻikena Hoihoi

-He manu helekū wīwī e ulu ana a i ka 15 ʻīnihina kona loa.

-Kūpale hōʻoiʻoi ke aeʻo i kona pūnana ma o ke kāhea a luʻu ʻana iho i ka mea komohewa i mea e haʻalele ai ka poʻiiʻa i kahi o ka pūnana.

-Hānau ke aeʻo i ka 3 a 4 hua. A hala he wā pōkole wale nō ma hope o ke kiko ʻana, ua mākaukau ka pūnua e haʻalele ai i ka pūnana.

-Ua wawā ka ʻōʻioʻio a ke aeʻo. Ua ʻoi aku ka haʻahaʻa o ka ʻōʻioʻio a ka wahine ma mua o kā ke kāne.

Papaʻai

-Noho ke aeʻo ma nā ʻano kaianoho wai/kai like ʻole. Ua kau palena ʻia nō naʻe i ka hohonu o ka wai a me ke kapameakanu.

-ʻAi ke aeʻo i nā ʻano iwi kuamoʻo ʻole like ʻole a me nā meaola kai ʻē aʻe e like me ka ʻōhiki, ke koʻe, a me ka iʻa).

Kūlana

-Ua loaʻa ke aeʻo ma nā mokupuni nui o Hawaiʻi koe naʻe ʻo Kahoʻolawe. ʻAʻole i nui hou aʻe ka heluna aeʻo e ola nei.

-Kohu mea lā, ua paʻa maila ka nui aeʻo a ua piʻi iki aʻe nō paha ka heluna.

-Aia nō ka nui o ke aeʻo e noho nei ma Maui a ma Oʻahu (he 60% a i ke 80%).

-Ua emi mai ka nui aeʻo i ka pau ʻana mai o ke kaianoho ʻāina pulu, a i nā poʻiiʻa malihini (ka ʻiole, ka ʻīlio, ka pōpoki a me ka manakuke), ka meakanu haole, ka iʻa haole, ka poloka, ka maʻi a me nā mea hoʻohaumia kaiapuni.

ʻIo

(Hawaiian Hawk)

Fun Facts

- The ʻio is endemic to Hawaii and was a symbol of royalty in Hawaiian legend.

- The ʻio is the only hawk today native to Hawaii. They breed only on the Big Island but have been seen occasionally on Maui, Oʻahu and Kauaʻi.

- Fossil records indicate that this hawk may also have been established on Molokaʻi and Kauaʻi.

- This graceful bird of prey measures 16–18 inches in length, the female being larger.

Diet

- ʻIo feed on rodents, insects, small birds, and some game birds. They are opportunistic predators and are versatile in their feeding habits.

Status

- The ʻio was listed as an endangered species in 1967.

Kūʻikena Hoihoi

-He manu ʻāpaʻakuma ka ʻio o Hawaiʻi a he mea e kūhōʻailona ana no ke kūlana aliʻi.

-ʻO ka ʻio wale nō ka niku ʻōiwi o Hawaiʻi. Ma Hawaiʻi wale nō e hoʻopiʻi ai ka ʻio – ua ʻike ʻia nō naʻe ka ʻio ma Maui, Oʻahu a ma Kauaʻi.

-Wahi a nā moʻomōʻalihaku, ua hoʻokumu nō paha ka ʻio i nohona ma Molokaʻi a ma Kauaʻi kekahi.

-He 16 a i ka 18 ʻīniha ka loa o ia manu – ua ʻoi aku ka nui o ka wahine ma mua o ke kāne.

Papaʻai

-Puni ka ʻio i ka ʻai i ka ʻiole, ka ʻelala, ka manu liʻiliʻi, a me kekahi mau manu ʻano nui. He manu hoʻoholo kūpono kēia poʻiiʻa a ʻai ʻo ia ma nā ʻano like ʻole.

Kūlana

-Ma ka makahiki 1967, ua hoʻonoho ʻia ka ʻio ma ke ʻano he lāhulu ʻane halapohe.

Pueo

(Hawaiian Short-Eared Owl)

Fun Facts

- This short-eared owl is thought to have come to the Hawaiian Islands sometime after the arrival of Polynesians.

- Unlike most owls, pueo are active during the day.

- Males perform aerial displays known as sky dancing displays to prospective females.

- Females perform all incubating and brooding. Males feed females and defend the nest.

Diet

- The pueo's most common prey includes mice, birds and rats.

Status

- Pueo are found on all the main Hawaiian Islands from sea level to 8,000 feet.

- Pueo are threatened like other native Hawaiian birds from loss and degradation of habitat, predation by introduced mammals, and disease.

- Luckily, they may be resistant to avian malaria and avian pox.

Kūʻikena Hoihoi

-Ua manaʻo ʻia ua hōʻea mai kēia manu ma hope mai nō o ka hiki ʻana mai o ka Polenekia.

-ʻO ka pueo Hawaiʻi, he manu ʻeleu ma ke ao. ʻO ka nui o nā ʻano pueo ʻē aʻe, ua ʻeleu ma ka pō.

-Lele aʻe ke kāne i ka lewa a "hulahula" e ʻume ai i ka wahine.

-No ka wahine ke kuleana ʻo ka hoʻomoe a kīnana ʻana. No ke kāne ke kuleana ʻo ka hānai ʻana i ka wahine a me ke kūpale ʻana i ka pūnana.

Papaʻai

-He ʻiole a he manu ka luapoʻi a ka pueo.

Kūlana

-Noho ka pueo ma nā mokupuni nui a pau o ka pae ʻāina ʻo Hawaiʻi mai ka ʻilikai a i ka 8,000 kapuaʻi.

-ʻO ka pau ʻana mai o ke kaianoho, ka make i nā holoholona ʻai waiū malihini a me ka maʻi ka mea e pau mai ai ka pueo.

-ʻO ka pōmaikaʻi, he manu ka pueo e ʻaʻalo ana i ka malaria manu a me ka puʻupuʻu manu.

Nēnē

(Hawaiian Goose)

Fun Facts

- The nēnē was adopted as the official bird of Hawaii in 1957.

- Females typically nest on the ground and lay an average of 3 eggs.

- Their average weight is 5 pounds.

Diet

- Hawaiian geese graze and browse on leaves, seeds, berries, flowers of grasses, herbs, and shrubs.

Status

- This species was listed as endangered in 1967 under the Federal Endangered Species Act.

- Hunting, egg collecting, and predation by introduced cats, mongooses, dogs, pigs, and rats have led to the historic decline of this species.

Kūʻikena Hoihoi

-Ma ka makahiki 1957, ua koho ʻia ka nēnē ʻo ia ka manu kūhelu o Hawaiʻi.

-Hoʻopūnana ka wahine ma ka honua a hānau aku i ka 3 hua.

-He 5 paona ka ʻawelike o kona kaumaha.

Papaʻai

-ʻAi ka nēnē i ka lau, ka ʻanoʻano, ka pīʻai, ka pua o ka mauʻu, ka lauʻala, a me ka laʻalāʻau.

Kūlana

-Ua helu ʻia kēia lāhulu he lāhulu ʻane halapohe ma ka makahiki 1967 ma lalo o ke Kānāwai Lāhulu ʻAne Halapohe.

-Ua emi nui mai ka nui o kēia lāhulu i ke alualu ʻia, ka ʻaihue hua, a i nā poʻiiʻa (he pōpoki, he manakuke, he ʻīlio, he puaʻa a he ʻiole hoʻi).

Honu (Green Turtle)

Fun Facts

- Honu can weigh from 200-500 pounds.

- Green turtles' lifespan is generally unknown but is thought to be around 60-70 years old.

- They return to nesting beaches to lay eggs every 2-3 years and deposit 3-6 clutches per nesting season. Each clutch consists of about 100 eggs and takes about 60 days to hatch.

Diet

- Adults primarily eat algae, seaweed, or limu.

- Over 275 different species of seaweed have been found in the stomachs of Hawaiian Green Turtles.

- Honu also consume jellyfish, mollusks, sponges, and tubeworms.

Status

- Green turtles are listed under the Endangered Species Act.

- Threats include diseases that cause tumor growth, which can negatively affect the turtle by obstructing the eyes, mouth, and flippers, inhibiting their ability to swim or eat. Other threats include incidental fishing and bycatch, entanglement, habitat loss, ingestion of marine debris, and nest/hatchling predation.

Nā Kū'ikena Hoihoi

-He 200 a i ka 500 paha paona ke kaumaha o ka honu.

-Ua kuhi 'ia, he 60 a i ke 70 paha makahiki ka lō'ihi o ke ola 'ana o ka honu.

-Ho'i aku ka honu i ka 'aeone, kahi e ho'opūnana ai, e hānau aku ai i nā hua i kēlā a me kēia makahiki he 2 a 3 paha. Hānau ka honu i 3 a 6 paha pū'ulu hua o ke kau ho'opūnana. He 100 hua o ka pū'ulu a he 60 paha lā ka lō'ihi a kiko ka hua.

Papa'ai

-'Ai ka makua i ka līoho a me ka limu.

-Ua 'ike 'ia he 275 a 'oi lāhulu līoho ma ka 'ōpū o nā honu Hawai'i.

-'O kekahi mea'ai a ka honu, 'o ia ka pololia, ka hakuika, ka hu'akai a me kekahi 'ano ko'e i kapa 'ia he tubeworm.

Kūlana

-He holoholona 'ane halapohe ka honu.

What can you do to help wildlife?

- Reduce use of plastics
- Reusable drinking containers
- Using reef safe sunscreen
- Waiting 30 min after applying sunscreen to go into water
- Not standing or walking on coral reefs
- Keeping a respectful distance from wildlife
- Letting endangered sea turtles and monk seals rest peacefully on the beach
- Staying out of seabird burrowing areas because they are extremely fragile and could collapse with chicks inside
- Using wildlife friendly yellow and low frequency lighting outside to lower the risk of confusing seabirds and sea turtles that use the moon and stars to navigate
- Facing lights downward and using shields making them dark sky friendly
- Only have lights on when they are in use
- Make sure there is no standing water around your property to decrease mosquito breeding
- Do not feed stray cats
- Keeping domestic pet cats indoors
- Putting a bell on your cat helps to warn other wildlife but keeping your cat inside is better
- Keeping dogs on leashes especially near seabird beach breeding grounds
- Help honeybees by planting flowers that supply nectar and pollen throughout the season
- Plant native species
- Avoid using any poisons or chemicals outside
- Avoid using chemical fertilizers in your garden or yard
- Get out and vote for politicians that support and protect wildlife
- Join a conservation organization
- Consider a career in conservation/biology/environmental studies
- Seek out internships with environmental organizations
- Attend a beach cleanup
- Pick up trash every time you go to the beach
- Try to reduce carbon footprint
- Don't put hazardous substances down the drain or in trash
- Use cloth not paper napkins
- Recycle everything you can
- Don't leave water running
- Wash laundry using cold water instead of warm

Where in the World?

Where do the birds you see around Hawaii originate from?

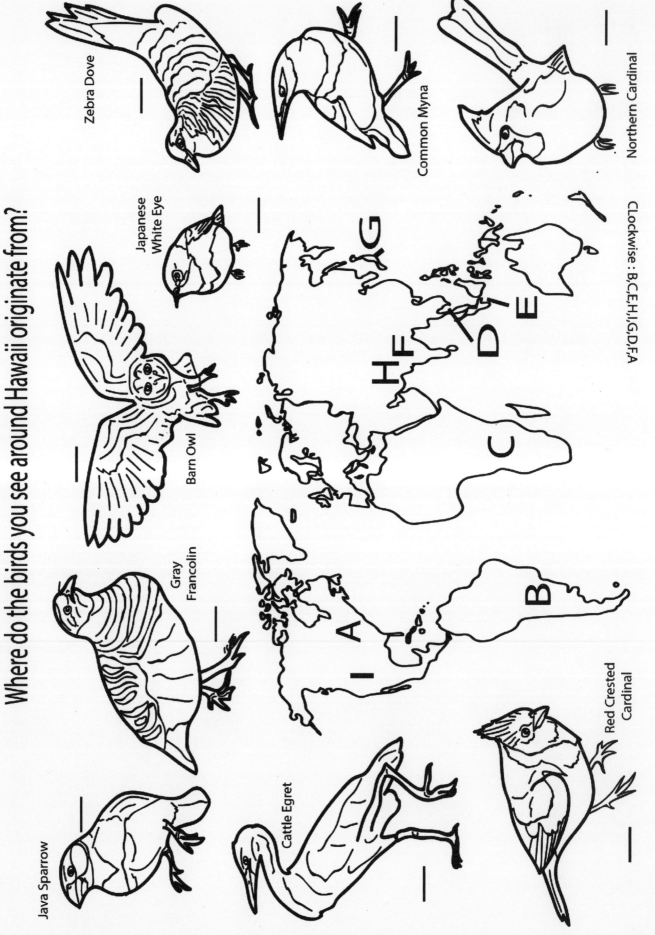

Zebra Dove

Common Myna

Northern Cardinal

Clockwise : B,C,E,H,I,G,D,F,A

Japanese White Eye

Barn Owl

Gray Francolin

Java Sparrow

Cattle Egret

Red Crested Cardinal

The deadliest animals.
Average annual animal-caused fatalities in the U.S., 2001 to 2013

Sharks kill 1 person per year.

Alligators kill 1 person per year.

Bears kill 1 person per year.

Venomous snakes and lizards kill 6 people per year.

Spiders kill 7 people per year.

Non-venomous arthropods kill 9 people per year.

Cows kill 20 people per year.

Dogs kill 28 people per year.

Other mammals kill 52 people per year.
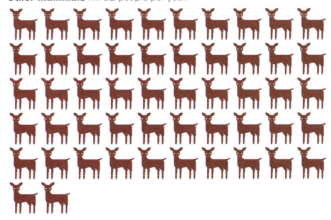

Bees, wasps and hornets kill 58 people per year.

WAPO.ST/**WONKBLOG**
Sources: CDC reports, CDC WONDER database, Wikipedia, Florida Museum of Natural History

As apex predators, sharks play an important role in the ecosystem by maintaining the species below them in the food chain and serving as an indicator for ocean health. They help remove the weak and the sick as well as keeping the balance with competitors helping to ensure species diversity.

Unsustainable Fishing

Demand for seafood and advances in technology have led to fishing practices that are depleting fish and shellfish populations around the world.

Fishers remove more than 77 billion kilograms (170 billion pounds) of wildlife from the sea each year. Scientists fear that continuing to fish at this rate may soon result in a collapse of the world's fisheries. In order to continue relying on the ocean as an important food source, economists and conservationists say we will need to employ sustainable fishing practices.

Consider the example of the bluefin tuna. This fish is one of the largest and fastest on Earth. It is known for its delicious meat, which is often enjoyed raw, as sushi. Demand for this particular fish has resulted in very high prices at markets and has threatened its population. Today's spawning population of bluefin tuna is estimated at 21 to 29 percent of its population in 1970.

Since about that time, commercial fishers have caught bluefin tuna using purse seining and longlining.

Purse seine fishing uses a net to herd fish together and then envelop them by pulling the net's drawstring. The net can scoop up many fish at a time, and is typically used to catch schooling fish or those that come together to spawn.

Longlining is a type of fishing in which a very long line—up to 100 kilometers (62 miles)—is set and dragged behind a boat. These lines have thousands of baited hooks attached to smaller lines stretching downward.

Both purse seining and longlining are efficient fishing methods. These techniques can catch hundreds or thousands of fish at a time but are extremely harmful to bycatch species such as seabirds, dolphins, sea turtles, swordfish, and many more.

Catching so many fish at a time can result in an immediate payoff for fishers. Fishing this way consistently, however, leaves few fish of a species left in the ocean. If a fish population is small, it cannot easily replenish itself through reproduction.

Taking wildlife from the sea faster than populations can reproduce is known as overfishing.

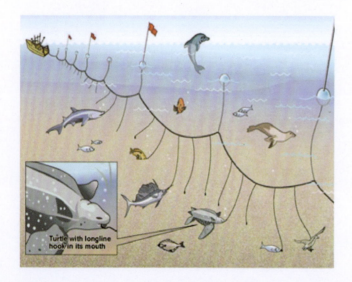

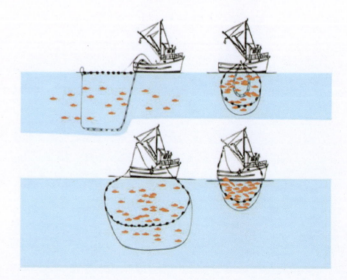

Sustainable Fishing

There are ways to fish sustainably, allowing us to enjoy seafood while ensuring that populations remain for the future.

Traditional Polynesian cultures of the South Pacific have also always relied on the ocean's resources. The most common historical fishing practices were hook and line, spearfishing, and cast nets.

Hooks constructed of bone, shell, or stone were designed to catch specific species. Fishers would also craft 2-meter (6-foot) spears. They would dive underwater or spear fish from above, again targeting specific animals. Cast nets were used by fishers working individually or in groups. The nets could be cast from shore or canoes, catching groups of fish. All of these methods targeted fish needed for fishers' families and local communities.

Some of these sustainable fishing practices are still used today. Native Hawaiians practice cast-net fishing and spearfishing.

Modern spearfishing is practiced all over the world, including in South America, Africa, Australia, and Asia. In many cases, spearguns are now used to propel the spear underwater. Spearfishing is a popular recreational activity in some areas of the United States, including Florida and Hawaii. This fishing method is considered sustainable because it targets one fish at a time and results in very little bycatch.

Rod-and-reel fishing is a modern version of traditional hook-and-line. Rods and reels come in different shapes and sizes, allowing recreational and commercial fishers to target a wide variety of fish species in both freshwater and saltwater.

Rod-and-reel fishing results in less bycatch because non-targeted species can be released immediately. Additionally, only one fish is caught at a time, preventing overfishing. For commercial fishers, rod-and reel-fishing is a more sustainable alternative to longlining.

PRACTICE CATCH AND RELEASE

Laysan Albatross

Wedgetailed Shearwater

Hawaiian Petrel

Brown Booby

Newell's Shearwater

White-tailed Tropicbird

Red-footed Booby

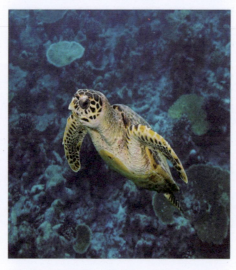
Hawksbill Seaturtle

Unicornfish

Day Octopus

Moray Eel

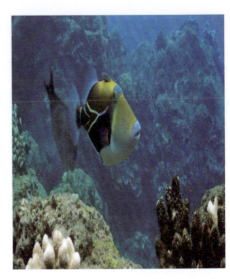
Humuhumunukunukuapua`a

Hawaiian Black Triggerfish

Monk Seal

Giant Trevally

Humpback Whale

Spinner Dolphin

Moorish Idol

`I`iwi

`Akohekohe

`Akeke`e

Hawaiian Stilt

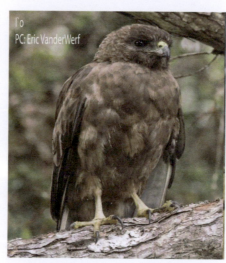
Hawaiian Hawk

Pueo

Nene

Green Sea Turtle

Photos: Eric VanderWerf
Zach Pezzilllo
Keoki Stender
RobbyKohley

Sources
Mauinuiseabirds.org
Mauiforestbirds.org
Pacificrimconservation.org
NPS.gov
USFW.gov
Nationalgeographic.com

Please leave a Google Review
Thank you for your support!

Wildlife Educational Coloring Book
Advance Wildlife Education

 254 Animals

 Information

 Real Photos

New!

1,452 Posts   **165 K** Followers

Advance Wildlife Education
- Wildlife Biologist @che_frausto
- Founded on Maui, Hawai'i
- Daily Wildlife Education Posts
- Wildlife Educational Coloring Books

linktr.ee/advancewildlifeeducation
Paia, Hawaii 96779

Che · Products · Top Posts

Daily Fun Wildlife Facts
Follow us on Instagram and Facebook

@Advance_Wildlife_Education

Achievements

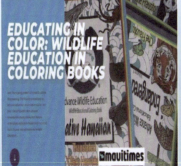
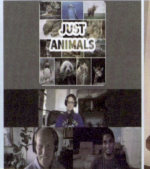

Achievements

County of Maui
Mayor's Small Business Awards
2020
Strong Businesses, Strong Community.

Che "Katsu" Frausto

Advance Wildlife Education LLC

Nominated by:
David DuRoss
American Savings Bank

Mayor
Michael P. Victorino

Honoring the excellence of our small businesses doing business on Maui, Moloka'i, and Lana'i.

December 8, 2020
Virtual Event

Advance Wildlife Education's mission is to promote endangered wildlife outreach and information by providing educational products and clothing to the community, while backing local conservation organizations. Che is constantly answered questions from tourists and locals in an effort to protect our native species and ecosystem and serves as the bridge between the community and conservation world. He has innovated by creating a digital wildlife educational app to expand his market with distance learning and translated and printed books in 'Olelo to add tools for the 'Olelo speaking community. Che also goes to schools to present on native wildlife, pursuing a career in conservation and talks to students about becoming entrepreneurs, inspiring the next generation. He has teamed up with Malama Family Recovery, Maui Coffee Attic and Lanai High and Elementary Foundation to give out books to the community.

MAUI CHAMBER OF COMMERCE VOICE OF BUSINESS
COUNTY OF MAUI OFFICE OF ECONOMIC DEVELOPMENT

Nominee for the
Young Business Person of the Year

SHOUTOUT COLORADO

LOCAL STORIES

Meet Che Frausto | Wildlife Biologist, Illustrator, and Business Owner

We had the good fortune of connecting with Che Frausto and we've shared our conversation below.

Hi Che, what is the most important factor behind your success?
I believe the most important factor behind my success with Advance Wildlife Education is my strong passion for wildlife conservation and education. I love what I do and spend every waking moment chasing after my goals. Working as a wildlife biologist in Hawai'i, the extinction capital of the world (more endangered species per square mile than anywhere else on Earth) I saw firsthand the need of public support and awareness to save these species that are on the brink of extinction. I felt I could fill a void and be a bridge between the community and conservation nonprofits by starting Advance Wildlife Education.
My passion to draw, educate, and help support these endangered species drive me to never give up on my business and to keep on even when it is tough or I don't see the instant results I was

VoyageDenver

FEATURED JULY 19, 2022

Denver's Most Inspiring Stories

LOCAL STORIES

The heart of our mission at VoyageDenver is to find the amazing souls that breathe life into our city. In the recent weeks, we've had the privilege to connect with some of the Denver's finest artists, creatives, entrepreneurs and rabble rousers and we can't begin to express how impressed we are with the city's incredibly deep

Rotary Club of Kihei-Wailea
NEWSLETTER
FEBRUARY 8, 2017

HawaiiBusiness magazine

Coloring Books Raise Awareness of Local Animals

The company called Advance Wildlife Education is part of Mana Up's seventh cohort.

MAY 19, 2022 BY CHAVONNIE RAMOS

Photo: courtesy of Advance Wildlife Education

The Nature Conservancy
OUR WORK GET INVOLVED ABOUT US MEMBERSHIP & GIVING

Hawai'i

Return of the Shearwaters
A seabird colony flourishes at the Conservancy's Mo'omomi Preserve

WATCH A VIDEO

The Maui News
MONDAY, June 6, 2022

Maui companies aim to grow through Mana Up's program

Lei making, wildlife education, glass recycling businesses accepted into cohort

MAUI AG FEST RETURNS AFTER TWO YEARS

CHE FRAUSTO
Advance Wildlife Education founder

Biologists REACT to Subnautica | Experts React
101K views · 3w ago #Subnautica #biologists #ExpertsReact
4.6K Dislike Share Create Download
Gamology
1.76M subscribers
SUBSCRIBE

Like the Books?
Collect Them All
Order Online
AdvanceWildlifeEducation.org

Books · Stickers · Tattoos · Bamboo Tshirts · Bags · Wrap Bracelets

 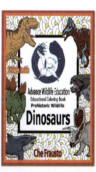     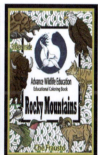
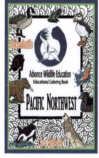 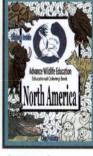 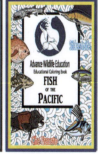 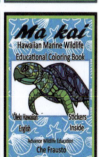 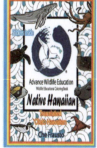 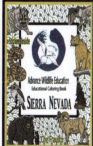 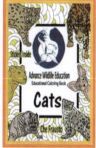

Contact Me

Owner, Illustrator, and Wildlife Biologist
Che Frausto

Wholesaler, Business, Teacher? Want to Collaborate?

Email
Che@AdvanceWildlife.org

Website
AdvanceWildlifeEducation.org

Social Media
@Advance_Wildlife_Education

AS SEEN ON